Aenne Fleischer

Peddigrohr

praktisch und dekorativ

Frech-Verlag Stuttgart

Inhalt

Wissenswertes über Peddigrohr und seine Verarbeitung 3

Einfache Körbchen mit Holzboden 6
a) Tischpapierkorb mit quadratischem Boden – b) Rundes Körbchen – c) Geschwungenes Körbchen mit quadratischem Boden – d) Rechteckiges Henkelkörbchen für ein Salzstreuerset

Praktische Ständer 12
a) Briefständer – b) Ständer für Toastbrot – c) Serviettenhalter

Körbe mit angenagelten Holzleisten 14
a) Ovaler Brotkorb – b) Großer rechteckiger Blumenkorb – c) Runder Schirmständer

Gegenstände in Ringform 17
a) Serviettenringe – b) Blumentopfmanschette – c) Konischer Schirm für eine Tischlampe

Ständer in Diaboloform 21
a) Kerzenständer – b) Blumenständer

Einfache Arbeiten mit geflochtenen Böden 22
a) Untersetzer mit ungerader Stakenzahl – b) Untersetzer mit gerader Stakenzahl – c) Nußkörbchen – d) Eierkorb mit Henkel

Dekorative Wandteller für Trockengestecke 27
a) Kleiner Wandteller – b) Großes Wandrad – c) Roter Wandteller mit Getreideschmuck

Weihnachtssterne 29
a) Große Sterne als Wand- oder Fensterschmuck – b) Kleine Sterne für den Christbaum oder für Gestecke

Umflechten von Gläsern und Flaschen 32
a) Teeglaskörbchen – b) Fest eingeflochtene Gläser und Flaschen

Standfeste, stabile Körbe 36
a) Großer, runder Gemüsekorb – b) Ovaler, tiefer Korb – c) Ovaler Henkelkorb – d) Großer, runder Henkelkorb – e) Runder Obstkorb mit Griffen

Hängeleuchten 41
a) Eßzimmerlampe – b) Schlafzimmerleuchte

Kleine Fische 42
a) Bogenflossenfisch – b) Kleiner Fisch „Rotauge“

Serviertabletts 44
a) Tablett mit eingearbeiteten Perlen – b) Tablett mit Griffen

Füllhorn 46

Miniaturen für den Setzkasten 47

ISBN 3-7724-0410-3 · Best.-Nr. 713

Auflage: 12. 11. 10. | Letzte Zahlen
Jahr: 1992 91 | maßgebend

frech-verlag
GmbH + Co. Druck KG Stuttgart

Druck: Frech Stuttgart

Zum Aufbau des Buches

„Aller Anfang ist schwer“, sagt man. Dabei wird das Beginnen nur schwierig, wenn man nicht beachtet, was anfangen wirklich meint, nämlich: ganz von vorne, von Grund auf, an eine neue Betätigung gehen. „Vom Leichten in kleinen Schritten zum Schweren“. Das bringt das Erlebnis des Erfolges, die Freude am geschaffenen Werk und den Mut, weiterzuarbeiten und schwierige Dinge in Angriff zu nehmen.
Diese Gedanken liegen dem vorliegenden Peddigrohr-Bastelbändchen zugrunde. Es beginnt mit einfachen, teils kinderleichten Arbeiten und schafft damit die Voraussetzung, daß sich die ganze Familie an einem verregneten Wochenende mit der Korbflechterei beschäftigen kann. Von Kapitel zu Kapitel wachsen die Schwierigkeiten – sei es in der Flechttechnik, in der Formgebung der Werkstücke oder in der Art der verschiedenen Randabschlüsse.
Neben genauen Anleitungen finden Sie weitere Anregungen, die ermutigen sollen zur weiteren Ausgestaltung und Verwendbarkeit der gearbeiteten Gegenstände. Sie sollen dazu mithelfen, daß nicht nur nachgearbeitet, sondern auch schöpferisch frei gestaltet wird.

Wissenswertes über Peddigrohr und seine Verarbeitung

Peddigrohr ist ein Naturmaterial. Es wird gewonnen aus den elastischen Stämmen der Rotangpalme, die vornehmlich in den asiatischen Tropen wächst. Blätter, Dornen und Rinde werden entfernt; das verbleibende Mark wird zu verschiedenen Faden- und Schienenstärken gehobelt.

Im Handel sind erhältlich:

a) Peddigrohrfäden mit den Stärkebezeichnungen 000–8 (= 1–3 mm ∅)
b) Peddigrohrstangen von 4–5 mm Stärke
c) Peddigschienen, 3–8 mm breit
d) Peddigband, 8–12 mm breit

Peddigschienen haben eine glattgehobelte, etwas gewölbte Oberseite, während das Peddigband beidseitig ziemlich rauh und fransig wirkt.
Alle Arten und Stärken von Peddigrohr werden naturhell oder braun gebeizt angeboten. In der Regel ist das naturfarbene Peddigrohr von besserer Qualität und daher leichter zu verarbeiten. Es ist nicht schwierig, mit einfacher Holzbeize das Rohr selbst einzufärben: Nach der Anweisung auf dem Holzbeizepäckchen bereitet man ein Beizbad und taucht das Peddigrohr – je nach gewünschter Farbintensität kürzer oder länger – ein.
Peddigrohr ist im trockenen Zustand spröde und brüchig. Vor dem Verarbeiten muß es daher in kaltem oder lauwarmem Wasser eingeweicht werden. Je dicker das Peddigrohr, desto länger braucht es, bis es weich und elastisch ist. – Wird es während der Arbeit wieder zu trocken, kann das gesamte Werkstück ins Wasser gelegt werden. Vor allem bei Randabschlüssen, bei denen das Rohr stark gebogen wird, empfiehlt sich ein wiederholtes Einweichen.
Für den Anfänger, vor allem für Kinder, ist die Arbeit mit dünnem bis mittelstarkem Peddigrohr vorzuschlagen, da die Verarbeitung des dickeren Materials mehr Kraft und Geschicklichkeit erfordert.

Zwei Faustregeln bezüglich der zu verwendenden Peddigrohrstärken:

1. Je größer das Werkstück werden soll, desto dicker muß das Flechtmaterial sein.
2. Die Staken, das sind die „Stangen", die das Gerüst bilden, müssen immer dicker sein als die Flechtfäden. Ist nur eine Stärke vorhanden, kann man diese für die Staken doppelt nehmen.

Bezüglich des Werkzeuges und der sonstigen Hilfsmittel ist das Peddigrohrflechten nicht sehr aufwendig. Fast jeder Bastler wird in seiner Hobbyecke bereits vorfinden, was dazu notwendig ist.

Wer lange Spaß an seinen selbstgefertigten Flechtarbeiten haben möchte, darf auf eine gründliche *Nachbehandlung* nicht verzichten. Zunächst wird das ausgetrocknete Werkstück versäubert: Überstehende Enden werden mit der Schrägzange kurzgeschnitten. Anschließend können die unschönen Fasern über einer Gasflamme oder über einem Rechaud abgeflämmt werden. Wird das Flechtwerk jetzt noch mit einem Lack überzogen – ob farblos oder bunt, ob matt oder glänzend, ob mit einer Sprayflasche oder mit dem Pinsel –, wird es schmutzunempfindlicher und ist leichter zu säubern.

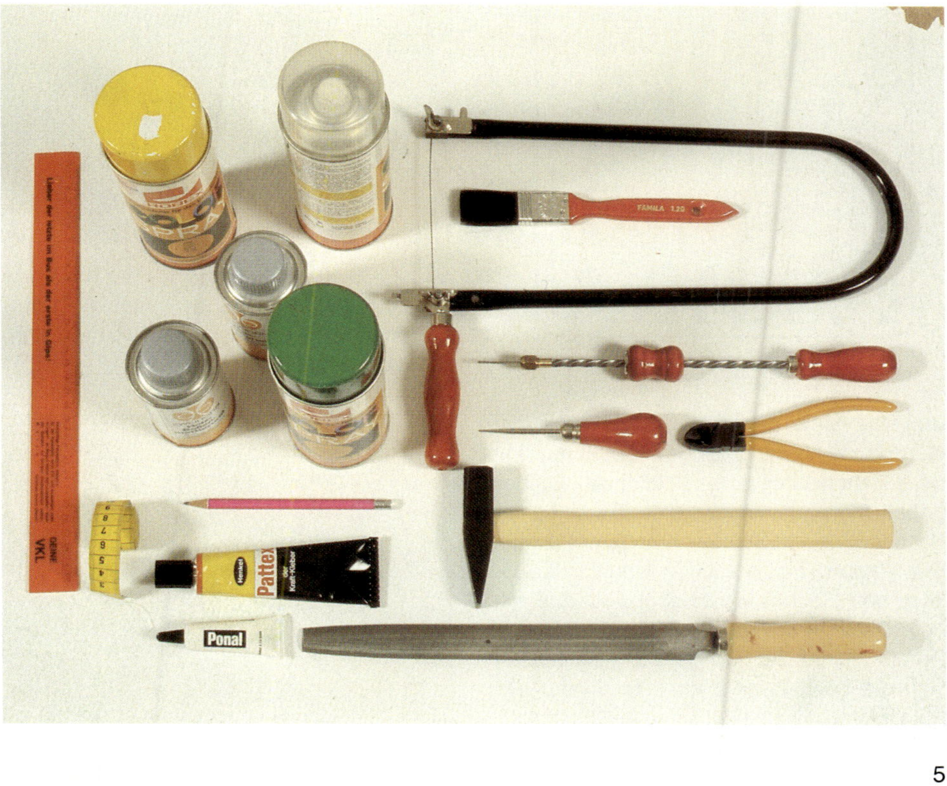

Einfache Körbchen mit Holzboden

a) Tischpapierkorb mit quadratischem Boden

Material:
Sperrholzplatte, 3 mm stark, 12,5 x 12,5 cm; Peddigrohr St. 5 für die Staken, 4–5 Fäden; Peddigschiene zum Flechten, 5 mm breit, 6 Fäden.

Die Sperrholzplatte für den Boden kann man entweder beim Kauf nach Maß zuschneiden lassen oder selbst mit der Laubsäge aussägen. Die Kanten und vor allem Ecken werden mit der Holzfeile abgerundet. Im Abstand von 5 mm vom Rand wird rund-

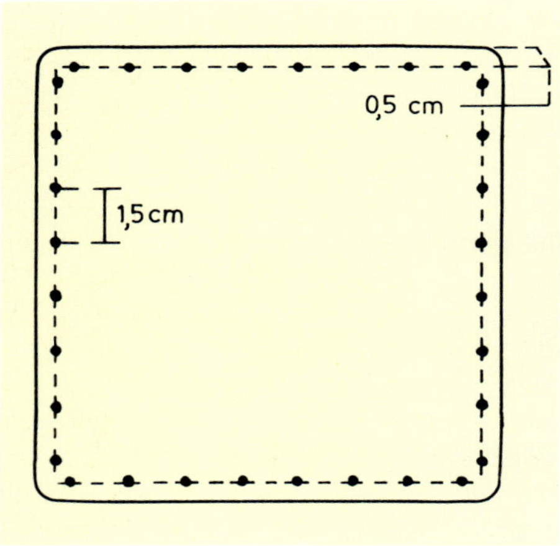

um eine Linie gezogen. Auf dieser Linie werden im Abstand von jeweils 15 mm mit dem Handbohrer (2,4-mm-Bohrer) Löcher gebohrt.
Wir benötigen 32 Staken von je 20 cm Länge. Sie werden – noch trocken – durch die Löcher des Bodens geschoben, so daß sie unten etwa 4 cm herausragen. Macht das Durchstecken Schwierigkeiten, so lassen sich die Löcher mit dem Pfriem oder der Ahle weiten.

Jetzt ist das Einweichen der am Boden überstehenden Enden sehr wichtig, da diese zum Füßchen verflochten und dabei stark gebogen werden müssen. Dazu nehmen

wir eine Stake, führen sie vor der nächsten her und lassen das Ende hinter der übernächsten liegen. So verfahren wir der Reihe nach mit jeder Stake.

Die erste umgebogene Stake wird etwas angehoben, die letzte daruntergeschoben, so daß sie sich genauso einfügt wie die anderen.

Durch Anziehen der langen Stakenenden oben wird das Füßchen – wenn nötig – noch gestrafft.

Jetzt beginnen wir mit dem Hochflechten des Körbchenrandes. Vorher haben wir die Flechtfäden und auch die zu umflechtenden Staken gut eingeweicht.

Den Anfang der ersten Flechtschiene legen wir innen vor eine Stake und führen die Schiene abwechselnd vor und hinter je einer Stake her. Nach einer Runde stellen wir fest, daß unser Flechtfaden wieder die gleiche Umlaufbahn nehmen wird. Dabei würde aber kein festes Gefüge entstehen. Wir schieben daher an dieser Stelle einen zweiten Faden ein und machen mit ihm die nächste Runde versetzt, d. h., wo der erste Faden vor der Stake liegt, führt der zweite Faden hinterher und umgekehrt. – So wechseln die Fäden immer nach jeder Runde miteinander ab.

Ist ein Faden aufgeflochten, bleibt das Ende innen hinter einer Stake liegen. Der Anfang des neuen Fadens wird einfach kreuzweise über das Ende des alten gelegt; und in gewohnter Weise wird weitergeflochten. Durch die nachfolgenden Runden werden alle so entstandenen Anfänge und Enden fest eingefügt.

Ist der Korb etwa 10 cm hoch geflochten, werden die Flechtfäden genau über den ursprünglichen Anfängen am Boden abgeschnitten. Damit ist rundum die gleiche Höhe des Korbes gewährleistet.

Wir beginnen mit dem Randabschluß, aber nicht, ohne die Stakenenden noch einmal gründlich einzuweichen.

Der Abschluß oben entspricht dem Füßchen unten. Jede Stake führt hinter–vor–hinter den folgenden her und bleibt innen liegen.

Haben wir der Reihe nach alle Staken bis auf die beiden letzten auf diese Weise verflochten, führen wir diese entsprechend unter die bereits abgebogenen ersten Staken durch.

Mit der Schrägzange (Seitenschneider) wird der Korb abschließend versäubert: alle überstehenden Enden des Randabschlusses und der Flechtfäden werden abgeschnitten. Nicht zu kurz abschneiden, damit sie sich nicht lösen können!

Wir merken uns:

1. Nur wer genau die gleiche Form und Größe des abgebildeten Werkstückes nacharbeiten möchte, muß sich exakt an die angegebenen Maße halten. Andernfalls kann man ruhig etwas großzügiger damit verfahren, da sich dann häufig Materialreste verarbeiten lassen.
2. Bei gerader Stakenzahl muß mit zwei Flechtfäden gearbeitet werden. Bei ungerader Stakenzahl kommt derselbe Flechtfaden immer wieder versetzt in die nächste Runde (vgl. Umschlagseite 2).

b) Rundes Körbchen

Material:
Runde Sperrholzplatte, 5 mm stark, 12 cm ∅;
Klebefolie in gleicher Größe;
Peddigrohr St. 4 für die Staken, 19 Stück von je 20 cm Länge;
Peddigrohr St. 3 zum Flechten, 2–3 lange Fäden;
Peddigschiene zum Umleimen des Bodenrandes, ca. 40 cm lang;
Kontaktkleber.

Im wesentlichen wird dieses praktische Körbchen so gearbeitet wie der vorher beschriebene Papierkorb:
Wir sägen eine runde Platte aus, zeichnen – 5 mm vom Rand entfernt – mit dem Zirkel eine Kreislinie ein und markieren auf ihr die Punkte für die Bohrungen. Sie haben einen Abstand von 18 mm.

Nachdem wir alle Löcher gebohrt haben, wird die Folie aufgezogen und mit dem Pfriem über den Löchern durchstoßen.
Dann können die Staken eingeschoben, kann das Füßchen geflochten und der Rand hochgearbeitet werden. Die ungerade Anzahl der Löcher bringt uns den Vorteil, daß wir mit nur einem Flechtfaden arbeiten können.
Damit der Rand sich etwas nach außen wölbt, werden die Staken während des Flechtens nach außen gebogen. Der Flechtfaden darf nicht zu stramm angezogen werden.
Soll der Korb sich oben etwas nach innen schließen, müssen wir die Staken dort nach innen biegen und den Flechtfaden straffen.
Anschließend noch eine kleine Verschönerung des überstehenden Bodens: Wir umleimen den Rand mit Hilfe von Kontaktkleber mit einer Peddigschiene.

c) Geschwungenes Körbchen mit quadratischem Boden

Material:
Sperrholzplatte, 3 mm stark, 12,5 x 12,5 cm;
Peddigrohr St. 4 für die Staken, 47 Stück à 16 cm Länge;
Peddigrohr St. 3 zum Flechten, 6–7 lange Fäden.

Dieses dekorative Körbchen wird ähnlich gearbeitet wie der ausführlich beschriebene Tischpapierkorb.
Die Bohrungen für die Staken, die wieder 5 mm vom Rand entfernt sind, haben nur einen Abstand von je 1 cm. Dadurch erhalten wir auf jeder Seite 12 Löcher. Sparen wir auf einer Seite durch geringfügiges Verschieben ein Loch aus, erhalten wir insgesamt 47 Löcher; und wir können mit nur einem Flechtfaden arbeiten.

Die geschwungenen Seiten ergeben sich fast von selbst dadurch, daß die Staken im Anfang sehr nah beieinander liegen und beim Flechten nach außen drängen. Wir müssen nur darauf achten, daß der Flechtfaden verhältnismäßig locker rundgeführt wird und die Seiten und vor allem die Ecken gleichmäßig nach außen „fliehen".
Auch der Abschluß oben ist ähnlich wie beim kleinen Papierkorb: Wir führen die Stakenenden hinter–vor–hinter–vor die nächsten Staken und lassen die Enden außen liegen. Sie sind bei diesem weit geöffneten Körbchen außen weniger sichtbar und störend.

Wir merken uns:
Bei den Randabschlüssen lassen wir die Staken immer dort enden, wo sie am wenigsten auffallen.

d) Rechteckiges Henkelkörbchen für ein Salzstreuerset

Material:
Sperrholzbrettchen, 3 mm stark, 5,5 x 8 cm;
Peddigrohr St. 3 für die Staken, 24 Stück à 9 cm Länge;
Peddigrohr St. 1 zum Flechten, 2 Fäden;
Peddigstange, 5 mm stark, 20 cm lang;
etwas Holzleim.

Als sehr praktisch erweist sich dieses „maßgeschneiderte" Henkelkörbchen für die Unterbringung der sechs Minisalzstreuer. Das Maß des Bodenbrettchens ergab sich ganz einfach aus der Länge, die drei bzw. zwei Salzfäßchen nebeneinander einnehmen. Nicht zu vergessen ist die „Nahtzugabe", gut 1 cm in der Länge und Breite, damit Platz für den Rand mit den Bohrungen bleibt. Die Löcher bohren wir knapp 5 mm vom Rand im Abstand von je 1 cm.

Nachdem wir die Staken bereits eingezogen und unten zum Füßchen verflochten haben, binden wir den Henkel ein. Damit er sich trotz der Dicke gut in das feine Flechtwerk einfügt und fest darin verankert ist, wird er unten an den beiden Enden von innen und außen eingekerbt. Von Anfang an soll er fest miteingeflochten werden. Deshalb werden seine beiden Enden zunächst mit einem starken Nähfaden an die mittleren Staken der Querseiten angebunden.

Wir flechten dann etwa 12 Reihen hoch und bilden den Abschluß: Die Staken führen vor–hinter–vor den nächsten her und bleiben somit außen liegen.

Wenn das Körbchen trocken ist, entfernen wir den Nähfaden und verkleben den Henkel durch etwas Holzleim fest mit dem Flechtwerk.

Praktische Ständer

a) Briefständer

Material:
Sperrholzplatte, 6 mm stark, 10 x 20 cm;
Peddigstange, 5 mm stark, ca. 1 m lang;
Peddigschiene, 6 mm breit, gut 60 cm lang;
Holzleim, Kontaktkleber.

Wir sägen die Sperrholzplatte aus und feilen die Ecken rund. Mit einem Bohrer (5 mm) bohren wir 8 Löcher in die Platte, wie in der Skizze angeordnet.

Die Peddigstange wird in vier verschieden lange Teile geschnitten: 1 = 17 cm, 2 = 21 cm, 3 = 27 cm, 4 = 34 cm lang. Die Enden dieser 4 Stangen werden jeweils auf 6 mm mit Holzleim dünn bestrichen. Dann klemmen wir die gebogenen Stangen in trockenem Zustand in die Löcher der Platte. Bleibt dabei von unten oder oben noch etwas Hohlraum sichtbar, wird dieser mit Leim ausgefüllt. Mit einem Kontaktkleber befestigen wir die Schiene um die Kante der Platte – und der Briefständer ist fertig.

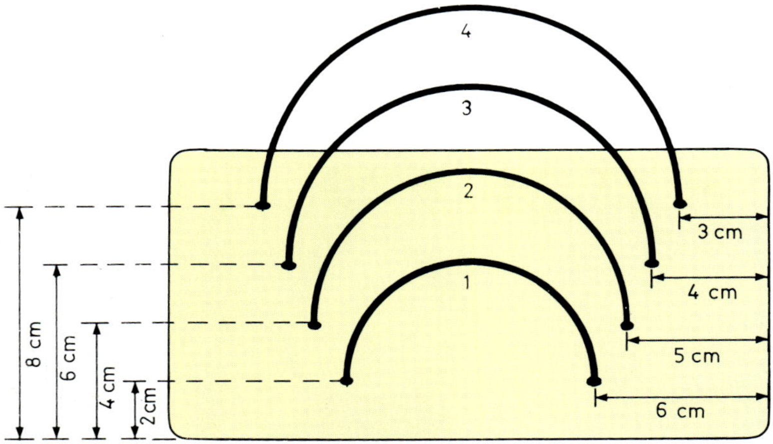

Briefständer

b) Ständer für Toastbrot

Material:
Massivholzplatte (Eiche), 5 mm stark, 25 x 10 cm;
Peddigstange, 5 mm stark, ca. 160 cm lang;
Holzleim, Kontaktkleber.

Ähnlich wie der Briefständer wird auch dieser Toastständer gearbeitet, der 8 Scheiben Brot aufnimmt.
Wir benötigen dazu 9 Bügel und 2 Griffe.

Für die Bügel schneiden wir 9 jeweils 15 cm lange Stangen, für die Griffe 2 jeweils 10 cm lange Stangen.

In die Platte bohren wir (wie in der Skizze angeordnet) in 2 Reihen je 9 Löcher für die Bügel. Die 4 Löcher für die Griffe bohren wir schräg ein, damit diese nach außen stehen und „griffig" werden. Dann werden, wie in a) beschrieben, die Stangen mit Holzleim bestrichen und in die Löcher der Platte eingeklemmt.

Ständer für Toastbrot

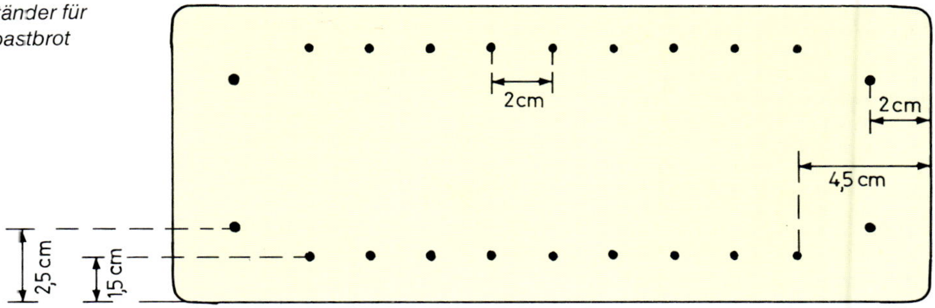

c) Serviettenhalter

Material:
Sperrholzplatte, 6 mm stark, 6 x 20 cm;
Peddigstange, 5 mm stark, 48 cm lang;
Peddigschiene, 6 mm breit, gut 52 cm lang;
Holzleim, Kontaktkleber.

In die Sperrholzplatte, die nach der nun schon bekannten Weise gefertigt wurde, bohren wir 4 Löcher, je 1,5 cm von der Längsseite und 3,5 cm von der Querseite entfernt.
Die Peddigstange wird in 2 Teile à 24 cm geschnitten. Die weitere Bearbeitung dieser Stangen erfolgt nach der in a) und b) beschriebenen Weise.

Zum Schluß wird wieder die Schiene um die Kante der Platte befestigt.

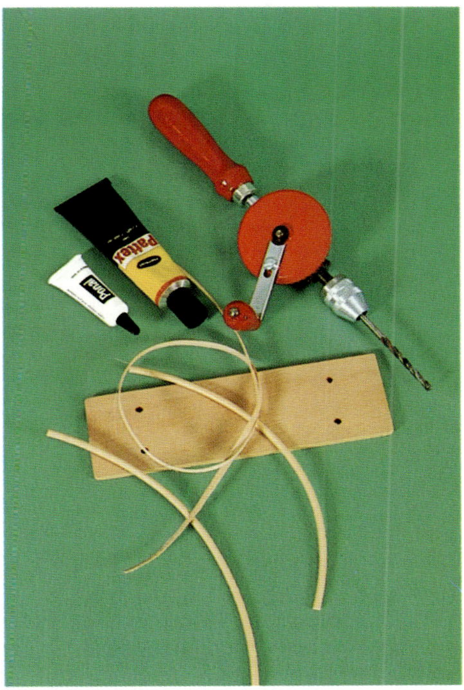

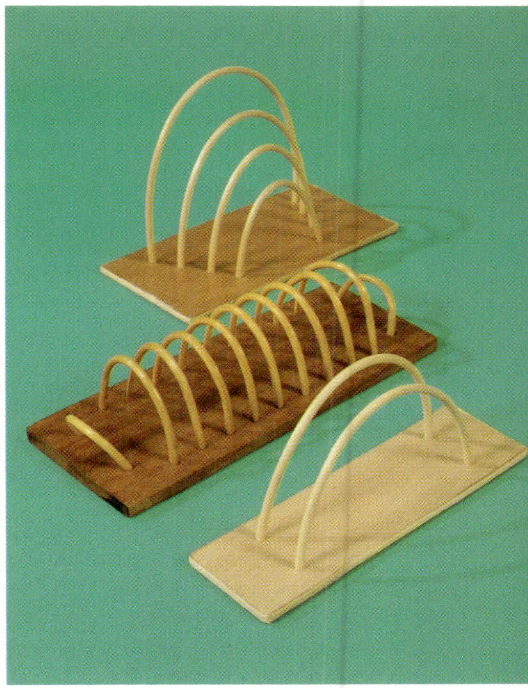

Körbe mit angenagelten Holzleisten

a) Ovaler Brotkorb

Material:
Ovale, etwas konisch zugeschnittene Bodenplatte aus Sperrholz, 8 mm stark, 30 cm lang, 13 cm breit (in Bastelgeschäften so erhältlich);
Holzleiste, 17 mm breit, 4 mm dick (Oberfläche abgerundet), 2 m lang;
kleine vermessingte Rundkopfnägel;
Peddigrohr St. 5, ca. 8 lange Fäden;
Peddigschiene, 8 mm breit, 2 Fäden

Von der langen Holzleiste sägen wir 23 Stücke von je 8 cm Länge ab. Diese kleinen Leisten werden geschmirgelt und die oberen Kanten und Ecken mit der Feile etwas abgerundet. In die Mitte, etwa 1 cm von der Oberkante entfernt, bohren wir ein Loch (Bohrer 3 mm).
Jetzt geht es darum, die Leisten in gleichen Abständen anzunageln, vorher aber die Stellen zu markieren. Wir können dabei mit dem Maßband arbeiten oder auch einfach nach Augenmaß, wie es hier geschehen ist:

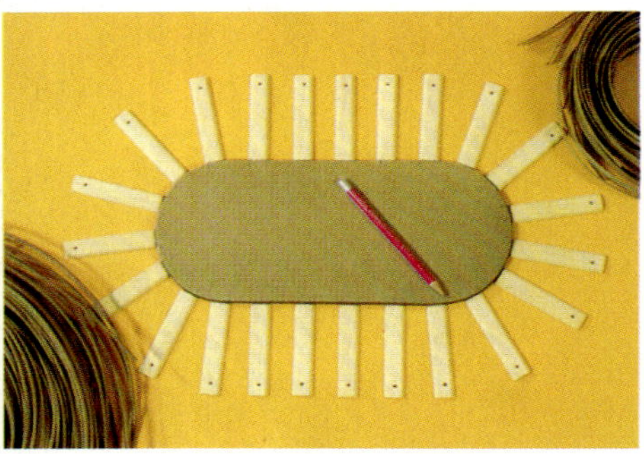

Wir legen die Leisten rundum an das Bodenbrett und verschieben sie so lange, bis wir gleiche Abstände erzielt haben. Mit dem Bleistift zeichnen wir vom Rand aus diese Abstände ein und legen beim Nageln die Leisten an die Markierungen.

Wir merken uns:
Um für eine beliebig große Bodenplatte die Anzahl der Leisten zu bestimmen, legen wir folgende Faustregel zugrunde: Leistenbreite und Abstand sollen ungefähr gleich sein. Konkret auf den beschriebenen Brotkorb bezogen gilt: Der Umfang beträgt 80 cm, die Leistenbreite 1,7 cm, der Abstand ebenso. 1 Leistenbreite + 1 Abstand = 3,4 cm   80 : 3,4 = **23** (abgerundet!). Die Anzahl der benötigten Leisten beträgt also 23.

Da die Bodenplatte etwas konisch zugeschnitten ist, d. h. die Kante nicht senkrecht, sondern schräg verläuft, stehen die Leisten nach dem Annageln nach außen.

Sind die Leisten trotz sorgfältigen Annagelns noch etwas wackelig? Das ist kein Grund zur Sorge. Wir flechten sie fest. Wie – das zeigt uns die nächste Abbildung.

Die hier angewandte, besonders feste Flechtart heißt „Fitzen" (s. Umschlagseite 2, Nr.3!).
Nach drei Fitzrunden flechten wir fünf Runden mit der breiten Peddigschiene und dann wieder drei gefitzte Runden mit dem Rohr.

Die vierte und letzte Fitzrunde verläuft etwas anders: Die Flechtfäden führen nicht durch die Zwischenräume nach hinten, sondern durch die Löcher in den Leisten. Dadurch wird ein Hochrutschen des Flechtwerkes verhindert.

Zur Verschönerung der Bodenkante nageln wir unten rundum eine Peddigschiene an. Sie soll haarscharf am Boden abschließen.

Wir merken uns:
Die Anfänge und Enden der Flechtfäden lassen wir normalerweise innen hängen, da sie dort am wenigsten auffallen. Hier wurden sie aber aus praktischen Erwägungen bewußt nach außen gelegt: Ein Brotkorb muß häufig ausgeputzt werden. Innen liegende Enden würden dabei hinderlich sein und leicht abbrechen.
Die gleichen Überlegungen gelten für Serviertabletts.

b) Großer rechteckiger Blumenkorb

Material:
Spanplatte, 1 cm stark, 44 x 10 cm;
Holzleiste, 17 mm breit, 4 mm dick (Oberfläche abgerundet), 3 m lang;
feine vermessingte Rundkopfnägel;
Peddigrohr St. 5, 10–12 Fäden;
Peddigschiene, 8 mm breit, 1–2 Fäden.

Die scharfen Ecken der Bodenplatte feilen wir rund. Von der Holzleiste sägen wir 31 Stäbchen à 8 cm Länge ab und schmirgeln die Kanten glatt. Um die Stäbchen gleichmäßig annageln zu können, legen wir sie kranzförmig um die Platte und markieren die Anlegestellen (s. Brotkorb).
Mit dem Peddigrohr fitzen wir 4 Runden, flechten 3 Reihen mit der breiten Peddigschiene darüber und fitzen abschließend wieder 4 Runden mit dem Rohr. Als Bodenkante nageln wir unten eine Runde Peddigschiene an.
Dieser Blumenkorb ist „geeicht" für fünf kleinere Blumentöpfe, die nebeneinander stehen. Wer auf einer großen Fensterbank viel Platz hat, kann ihn auch so breit arbeiten, daß zwei Töpfe hintereinander Platz haben. Dadurch ergeben sich weitere Möglichkeiten für die Bepflanzung, z. B. die Gestaltung von Vorder- und Hintergrund.
Kurzum: Jede gewünschte Form – ob rund, quadratisch oder quaderförmig – läßt sich auf die gleiche Weise herstellen und individuell mit Blumen füllen.
Wird ein solcher Korb mit Folie ausgelegt, kann er auch direkt bepflanzt werden. Nachteilig ist dann nur, daß nicht jede Blume speziell nach ihren Bedürfnissen gedüngt und gewässert werden kann.

c) Runder Schirmständer

Material:
Sperrholzplatte, 1 cm stark, 22 cm ∅;
Holzleisten, 2 cm breit, 4 mm dick, Oberfläche abgerundet, 6 m lang;
feine vermessingte Rundkopfnägel;
Peddigrohr St. 5, ca. 10 Fäden;
Peddigschiene, 1 cm breit, 4 Fäden.

Von der Holzleiste sägen wir 15 Stücke à 40 cm ab, schneiden sie mit einer scharfen Gartenschere an einem Ende spitz zu und schmirgeln die scharfen Schnittkanten.

Die Stäbe legen wir kranzförmig in gleichmäßigen Abständen um die Bodenplatte und markieren die Anlegestellen (s. Brotkorb). Danach nageln wir die Leisten entsprechend an.
Geflochten wird im gleichmäßigen Wechsel zwischen Peddigrohr und -schiene: 4 Fitzrunden Peddigrohr, 6 Flechtrunden Peddigschiene – bis oben.
Damit das Flechtwerk nicht nach oben abrutschen kann, kleben wir die letzte Runde mit etwas Holzleim fest an die Stäbe.

Fast genauso läßt sich ein **Papierkorb** herstellen. Der einzige Unterschied: Wir brauchen ihn nicht so hoch arbeiten. Es genügt, wenn die Stäbe für die Staken 30 cm lang sind, so daß insgesamt 4,50 m Holzleiste ausreichen.

Wir merken uns:
Gegenstände, die häufig gegriffen werden, müssen eine „griff-feste" Oberkante haben, die nicht abrutschen kann. Daher empfiehlt es sich, die Ränder bei Brotkörbchen, Papierkörben u.ä. entweder zu verleimen oder aber so zu befestigen, wie beim Brotkorb beschrieben wurde.

Gegenstände in Ringform

a) Serviettenringe

Material:
Peddigrohr St. 3 für die Staken;
Peddigrohr St. 1 zum Flechten.

Wichtige Voraussetzung ist ein dünnes Sperrholzbrettchen als Hilfsmittel. Es genügt ein Reststückchen, auf dem sich ein Kreis von 5 cm ∅ zeichnen läßt.
Wenn wir das Brettchen aber ohnehin besorgen müssen, sollten wir ein größeres nehmen, etwa ein Quadrat, 20 x 20 cm groß. Handlicher wird es, indem wir aus ihm einen Kreis sägen, der dann den Durchmesser von 20 cm hat.
Noch einfacher: In Bastelgeschäften sind runde Bretter, gedacht als Böden für Peddigrohrarbeiten, in verschiedenen Größen zu haben. Ganz außen sind sie bereits rundherum gelocht. Auf ihnen kann man leicht, wie auf nachfolgendem Bild zu erkennen ist, auf verschieden großen Kreislinien in gleichen Abständen Löcher bohren. Dadurch

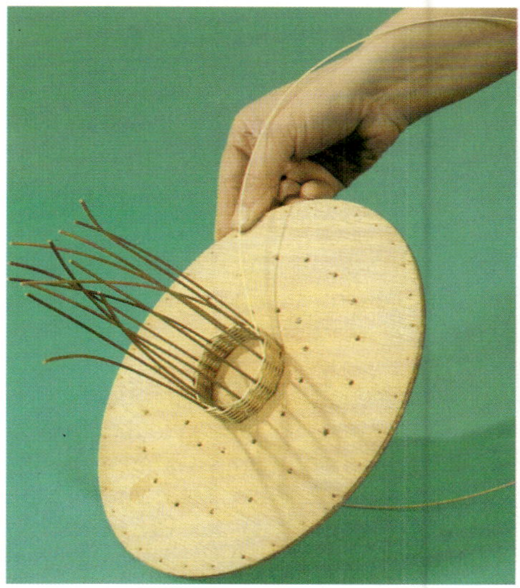

erhalten wir ein vielseitiges Hilfsmittel, das wir häufig einsetzen können.
Und nun zurück zu unserem Serviettenring: Wir zeichnen einen Kreis mit dem Durchmesser von 5 cm (r = 2,5 cm) auf das Brett und tragen auf dieser Kreislinie mit dem Zirkel die Abstände von 1,15 cm ein (s. S. 19, Kreis a). Wir erhalten so 13 Punkte für die zu bohrenden Löcher (Bohrer 2 mm).

Von dem dickeren Peddigrohr schneiden wir die Staken: 13 Enden von je 12 cm Länge. Wir stecken sie – noch trocken – durch die Löcher des Hilfsbrettes, so daß sie unten etwa 4 cm herausragen. Dann weichen wir die so vorbereiteten Staken samt Brett und einen langen dünnen Flechtfaden für kurze Zeit ein. Mit dem Flechten beginnen wir oberhalb des Brettes in bekannter Weise. Wir flechten etwa 2 cm hoch und ziehen dann den geflochtenen Ring vom Brett ab, um beidseitig die Staken zu verarbeiten.

Dazu führen wir die Stakenenden hinter der nächsten Stake vor der übernächsten her und lassen sie innen hinter der dritten Nachbarstake liegen. Haben wir auf diese Weise alle Staken verflochten, ziehen wir sie noch einmal nach und lassen den Ring austrocknen. Danach wird er versäubert.

b) Blumentopfmanschette

Material:
Peddigrohr St. 8 für die Staken, 2 Fäden;
Peddigrohr St. 5 zum Flechten, 1 Faden;
Peddigschiene zum Flechten, 8 mm breit, 1 Faden.

Diese dekorative und praktische Blumentopfmanschette wird wieder auf dem Hilfsbrett (s. Skizze S. 19) begonnen, und zwar auf der Kreislinie b (r = 4 cm, Abstände = 2 cm).

Wie bei den Serviettenringen geht die Arbeit weiter: 13 Staken von je 26 cm Länge werden zugeschnitten und durch die Löcher gesteckt, so daß sie unten 8 cm herausragen.

Geflochten werden dann etwa 2 cm mit dem dünneren Rohr, etwa 4 cm mit der Schiene und wieder 2 cm mit dem Rohr. Wir arbeiten dabei etwas nach außen, um eine konische und damit gefällige Form zu erhalten.

Das Flechtwerk wird vom Brett abgezogen und der untere Rand wie bei den Serviettenringen (hinter–vor–hinter) verflochten.

Wir merken uns:
für alle Gegenstände, die auf einem Hilfsbrett begonnen werden:
Aus einem „Lochkreis“ lassen sich viele verschiedene Formen arbeiten.
Für den Blumenübertopf z. B. heißt das: Der Beginn oberhalb des Brettes kann sowohl der untere wie der obere Rand als auch die mittlere Weite sein, d. h., wir können von dort aus enger und weiter werden und nach dem Abziehen vom Brett auch an der „Brettseite“ noch weiterflechten.
Auch die im nächsten Kapitel beschriebenen Diaboloformen sind auf dieser Grundlage entstanden.

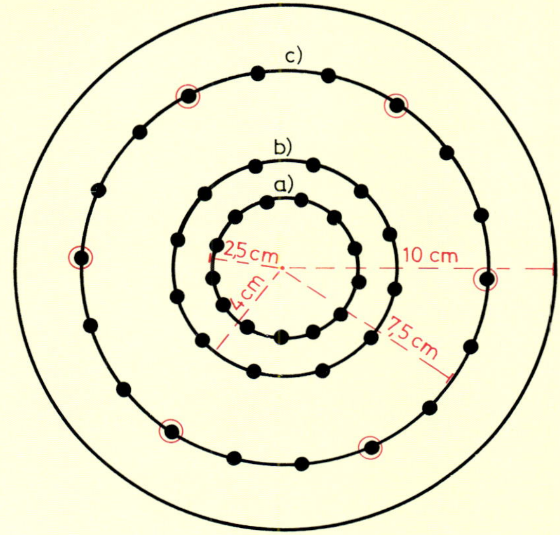

Kreis a)
r = 2,5 cm
Abstände = 1,15 cm

Kreis b)
r = 4 cm
Abstände = 2 cm

Kreis c)
r = 7,5 cm
Abstände = 2,2 cm

Der obere Abschluß ist die einfachste Art des „Zuschlagrandes". Er wirkt wie eine Kordel und sei deswegen hier „Kordelrand" genannt.

Die Skizzen zeigen ihn in kleinsten Schritten:

1. Wir biegen eine Stake hinter der nächsten her nach vorne, die folgende ebenso.
2. Die erste Stake führt nun weiter vor der dritten her und gleichzeitig über die zweite umgebogene, dann hinter die vierte, wo sie liegenbleibt.
3. Die dritte Stake biegen wir wie die beiden ersten um die nächste herum nach vorne.
4. Dann geht die zweite ihren Weg weiter, wie bei der ersten Stake beschrieben wurde.

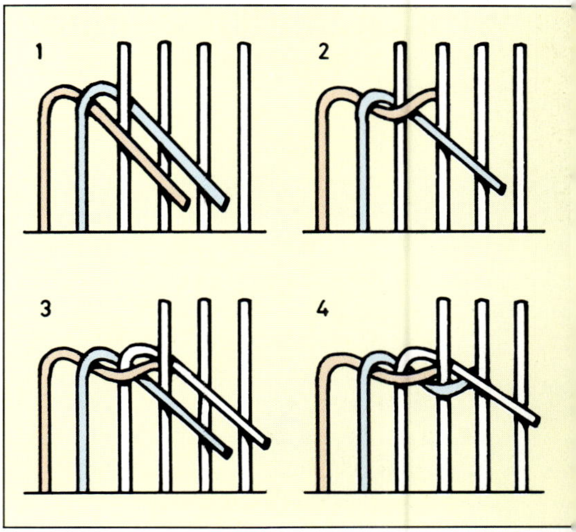

So geht es weiter im Wechsel: Die erste noch stehende Stake umlegen, die bereits unten liegende fortführen, usw.

Zum Schluß achten wir darauf, daß auch die letzten Staken den gleichen Weg nehmen müssen wie alle Vorgänger. Es hilft dabei die Vorstellung, wo die bereits eingeflochtenen Staken vorher gestanden haben.

Diese ungewöhnliche Art eines „Blumenübertopfes" ist leicht und schnell zu arbeiten. Sie hat den Vorteil, daß sie dem Blumentopf nichts von seiner natürlichen Standfestigkeit nimmt. Ein geflochtener Boden wird leicht etwas uneben und steht dadurch nicht so fest auf dem Boden. Zum anderen erfüllt eine solche Manschette den gleichen Zweck wie jeder andere Korbübertopf: Ein wasserfester Einsatz ist immer notwendig.

c) Konischer Schirm für eine Tischlampe

Material:
Lampenschirmgestell (zum Aufstecken auf eine Flasche o.ä., mit Fassung und Anschlußleitung, im Handel erhältlich), 25/15 cm ∅, Höhe 23 cm;
Peddigrohr St. 8 für die Staken, 4 Fäden;
Peddigrohr St. 5 zum Flechten, 10 Fäden.

Für den Anfang brauchen wir das Hilfsbrett. Die Bohrungen richten sich nach der Größe des Lampenschirmgestells und nach den Abständen der Längsstangen: Wir stellen das Gerüst auf unser Brett, ziehen den Kreis rundherum und markieren die Punkte, wo die Stangen enden. Wir erhalten so 6 Punkte als Ausgangspunkte für alle weiteren. Zwischen je zwei Markierungen zeichnen wir noch zwei Abstände ein und erhalten so insgesamt 18 Punkte für die Bohrungen (Bohrer 3 mm). Zur Verdeutlichung sehen wir uns die Skizze auf Seite 19 (Kreis c) an!
Wir schneiden 18 Staken von 40 cm Länge und stecken sie so durch die Löcher des Hilfsbrettes, daß sie unten 8 cm herausragen.
Beim Flechten stellen wir das Lampengestell zwischen die Staken auf das Brett und beziehen die Metallstangen als feste Stützen jeder dritten Stake mit ein.
Wenn das Gestell ganz zugeflochten ist, verarbeiten wir die Stakenenden zu einem einfachen Rand: Wir führen jedes Ende hinter und vor den nächsten Staken her und lassen es hinter der dritten Nachbarstake innen liegen.

Wer einen größeren Lampenschirm wünscht, muß nicht unbedingt ein größeres Gestell kaufen. Nach oben wie nach unten kann über das Gestell hinaus weitergeflochten werden. Einzige Vorbedingung: Die Staken entsprechend länger zuschneiden!

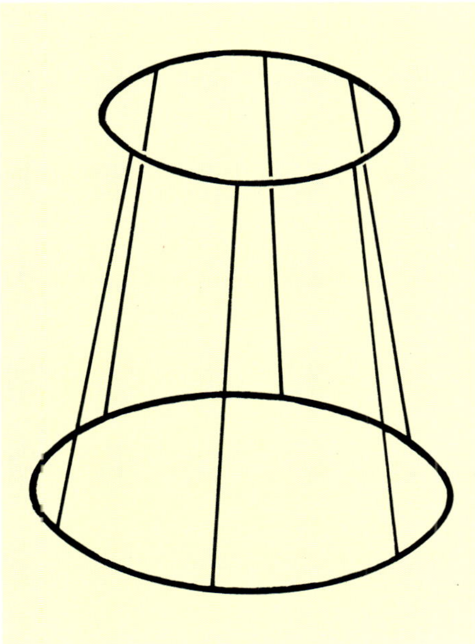

Übrigens: Auch der Lampenfuß ist handgearbeitet. Er wurde aus schamotthaltigem Ton geformt, gebrannt und roh belassen.

Ständer in Diaboloform *(siehe Titelfoto)*

a) Kerzenständer

Material:
Peddigrohr St. 5 für die Staken, 2 Fäden;
Peddigrohr St. 4 zum Flechten, 3 Fäden.

Wir schneiden 13 Staken von je 27 cm Länge und stecken sie in die Löcher von Kreis b unseres Hilfsbrettes (vgl. Skizze S. 19!). Unten lassen wir sie etwa 6 cm herausragen.
Dann beginnen wir mit dem Flechten des Fußes, der sich nach oben verjüngt. Diese Verengung erreichen wir durch festes Anziehen des Flechtfadens. Oben soll die Form wieder nach außen streben: wir biegen die Staken etwas nach außen und halten den Flechtfaden ziemlich locker. Am besten arbeiten wir jetzt genau nach Maß: Wir passen die Kugelkerze (eine dicke Stumpenkerze sieht auch hübsch aus!) während des Flechtens immer wieder ein und hören auf, wenn sie etwa zu einem Drittel im Ständer versinkt.
Die Abschlüsse sind oben und unten gleich: jede Stake führt einfach vor der nächsten her und bleibt bereits hinter der übernächsten liegen.

b) Blumenständer

Material:
Peddigrohr St. 8 für die Staken, 4 Fäden;
Peddigrohr St. 5 zum Flechten, 6 Fäden.

Wir benötigen für diesen stabilen Ständer 13 Staken von je 42 cm Länge. Diese stekken wir so in die Löcher unseres Hilfsbrettes (s. Skizze S. 19, Kreis b), daß sie unten ca. 12 cm überstehen. Beim Flechten lassen wir den Fuß von Anfang an nach oben enger werden, arbeiten ihn nach der Engstelle so weit, daß ein bestimmter Blumentopf gut hineinpaßt. Die Stakenenden verflechten wir oben in bekannter Weise: die Staken führen hinter–vor–hinter die folgenden und bleiben innen liegen.
Damit der Ständer besonders fest auf dem Boden steht, arbeiten wir den Fuß nach dem Abziehen vom Hilfsbrett noch etwa 5 cm länger, um ihn dabei gleichzeitig breiter werden zu lassen. Der Abschluß erfolgt wie oben.

Praktischer Hinweis:
Die obere Öffnung beider Ständer kleiden wir mit Alufolie aus. Beim Kerzenständer schützt die Folie bei ausbrennender Kerze den Ständer vor Brand und den Tisch vor Wachstropfen. Unter der Topfblume fängt die Folie auslaufendes Wasser auf.

a) Untersetzer mit ungerader Stakenzahl

Material:
Peddigrohr St. 4 für die Staken, 4 Fäden;
Peddigrohr St. 3 zum Flechten, 4 Fäden.

Wir schneiden 17 Staken von 35 cm Länge. Zunächst legen wir 16 Staken in Vierergruppen zusammengefaßt zu einem Doppelkreuz in der Mitte übereinander.

Mit dem Flechten beginnen wir so, daß bereits durch die erste Runde alle Staken gehalten werden; d. h., wo die Staken beim Kreuz unten liegen, führt der Flechtfaden darunter – und umgekehrt.
4 Runden flechten wir so in der gleichen Richtung, wenden dann und arbeiten 4 Runden entgegengesetzt.
Die Vierergruppen teilen wir in Paare auf und flechten so eine Runde. Danach fügen wir die 17. Stake ein, die wir noch in Reserve

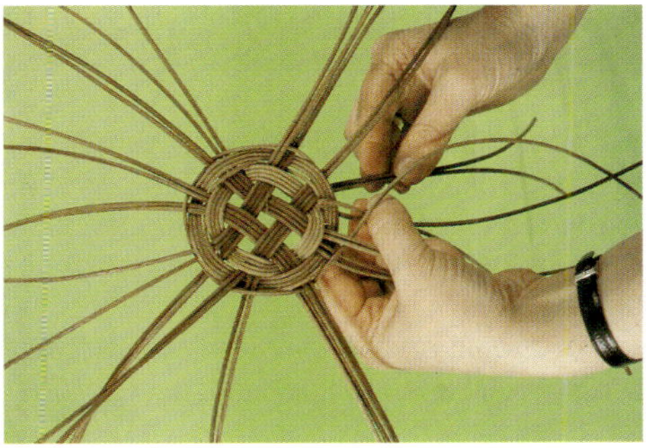

haben. Sie wird in der Mitte umgebogen und als Stakenpaar eingehängt. Damit erhalten wir eine ungerade Anzahl von Stakenpaaren.

Wir können von jetzt an immer in gleicher Richtung weiterarbeiten. Die „Versetzung" jeder Runde ergibt sich aus der Unpaarzahl der Staken.

Bei einem Durchmesser von ca. 12 cm teilen wir die Stakenpaare und flechten um einzelne Staken weiter. Damit erhalten wir genau die doppelte und folglich eine gerade Anzahl von Staken. Nach der ersten Runde fügen wir daher eine Stake zusätzlich ein und flechten weiter bis zur gewünschten Größe.

Mit dem gekreuzten Bogenrand schließen wir den Untersetzer ab: Jede Stake geht vor der nächsten her und wird vor der übernächsten 3 cm tief in das Flechtwerk eingeschoben. Eine Stricknadel oder ein Pfriem erleichtert uns diese Arbeit.

b) Untersetzer mit gerader Stakenzahl

Material: s. Untersetzer

Wir benötigen 16 Staken von je 40 cm Länge. Diese legen wir zum Doppelkreuz zusammen. Da wir hier mit gerader Stakenzahl arbeiten, brauchen wir von Anfang an zwei Flechtfäden: *Ein* Faden würde immer wieder in die gleiche Umlaufbahn geraten.

Damit aber jede Runde versetzt über der vorhergehenden liegt, fügen wir bereits nach der ersten Runde den zweiten Faden ein und arbeiten im Wechsel eine Runde mit dem ersten und eine Runde mit dem zweiten Faden. Das „Aufbrechen" der Vierergruppen in Paare erfolgt nach 8 Runden, das Trennen der Paare in Einzelstaken etwa nach weiteren 30 Runden.

Der Abschluß erfolgt ähnlich wie beim vorhergehenden Untersetzer; die Stakenenden führen lediglich einen Schritt weiter.

c) Nußkörbchen

Material:
Peddigrohr St. 4 für die Staken, 4 Fäden;
Peddigrohr St. 3 zum Flechten, 6 Fäden.

Um nur mit einem Flechtfaden arbeiten zu müssen, schneiden wir 17 Staken von je 40 cm Länge. Wir arbeiten den Korbboden genau wie den Untersetzer a) (S. 22). Bei einem Durchmesser von ca. 15 cm flechten

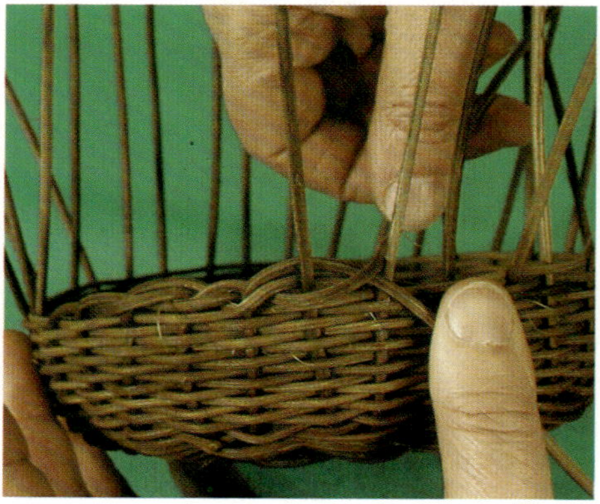

wir den Rand hoch: Die Staken biegen wir nach oben und ziehen den Flechtfaden sehr stramm an. Bei den nächsten Runden achten wir darauf, daß die Staken senkrecht stehen.

Als Abschluß arbeiten wir den sog. Kordelrand (vgl. Blumentopfmanschette, S. 19).

d) Eierkorb mit Henkel

Material:
Peddigrohr St. 5 für die Staken und zum Flechten, ca. 18 Fäden;
Peddigschiene, 6 mm breit, zum Umwickeln des Henkels, 2 Fäden.

Wir benötigen 16 Staken, 12 von je 55 cm Länge und 4 von je 110 cm Länge.

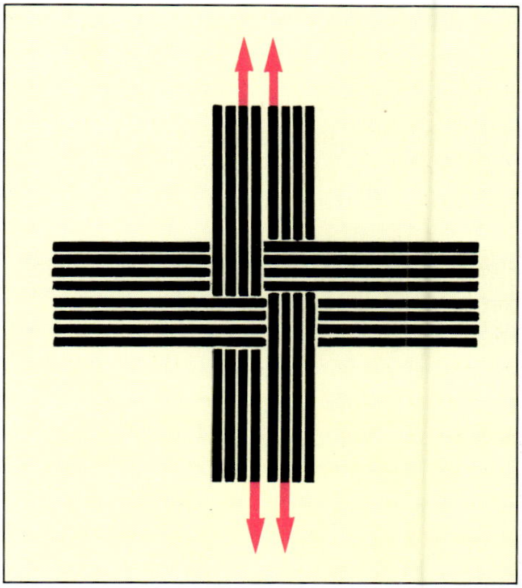

Die Skizze zeigt, an welchen Stellen des Doppelkreuzes die langen Henkelstaken eingelegt werden.

Wir merken uns:
Die hier beschriebenen Bodenanfänge lassen sich noch verschiedentlich variieren. Wir sind z. B. nicht an die Stakenzahl 16 bzw. 16 + 1 gebunden.
Bei kleineren Gegenständen genügen 8 bzw. 8 + 1 Staken. Dabei können wir mit einem einfachen Kreuz beginnen. Auch 12 oder 12 + 1 Staken sind möglich. Hier würden wir nach dem Doppelkreuz nur einmal „aufbrechen", und zwar gleich in einzelne Staken. Beginnen wir mit dem einfachen Kreuz, lassen sich die Sechser- zunächst in Dreiergruppen und später in Einzelstaken aufteilen.
Dem schon etwas erfahrenen und kreativen Korbflechter werden sicher noch andere Variationen einfallen.

Der Bodenanfang wird gearbeitet wie beim Untersetzer (S. 24), nämlich mit 2 Flechtfäden. Nur werden die Staken hier erst nach 4 x 4 Reihen zu Paaren aufgebrochen und bleiben so bis zum Schluß.

Haben wir den Rand hoch genug geflochten, bilden wir zunächst den Henkel.
Die 4 langen Staken führen wir im Bogen genau neben den gegenüberliegenden Staken 8–10 cm tief in das Flechtwerk ein. Wir achten darauf, daß die Bögen exakt die gleiche Länge haben. Die Henkelstaken liegen dann zu zwei Paaren nebeneinander. Mit je einer Flechtschiene, deren Anfang wir in den Korbrand eingelassen haben, beginnen wir, die Paare einzeln zu umflechten. Nach etwa 6 cm werden sie durch „Achterschleifen" miteinander verbunden und am Schluß wieder einzeln umflochten.

Wo die Henkelstaken jetzt am Rand fehlen, werden Ersatzstaken von der Länge der anderen Stakenenden eingefügt. Dann führen wir jedes Stakenpaar vor dem nächsten

Wir merken uns:
Körbe mit an- oder eingearbeiteten Henkeln arbeiten wir immer mit einer Paarzahl von Staken. Nur so kann der Henkel exakt in der Mitte eingeflochten werden.

Paar her nach innen hinter das übernächste Paar. Daß dieser einfachste aller Abschlüsse so dekorativ aussieht, liegt an den Doppelstaken.

Dekorative Wandteller für Trockengestecke

a) Kleiner Wandteller

Material:
Peddigrohr St. 4 für die Staken, 5 Fäden;
Peddigrohr St. 3 zum Flechten, 6 Fäden.

Dieser kleine Teller, der einen Durchmesser von 23 cm hat, entspricht in seinen Arbeitsgängen fast dem Untersetzer (S. 24). Wir benötigen 16 Staken à 30 cm Länge. Den Anfang arbeiten wir ziemlich offen, damit er besser zu den späteren beiden „Durchbrüchen" paßt.
Der erste „Durchbruch" erfolgt nach etwa 10 Runden. Wir schließen die Flechtfäden ab und setzen sie etwa 15 mm höher wieder ein. Gleichzeitig teilen wir die Vierer- in Zweiergruppen auf. Die erste Runde des zweiten – und nachher auch des dritten – Abschnittes wird gefitzt (s. Umschlagseite 2); dadurch bekommt sie mehr Halt. Danach flechten wir wie üblich weiter, wieder 10 Runden. Es folgt der zweite „Hohlsaum". Die Stakenpaare werden während der neuen Fitzrunde in Einzelstaken geteilt. Nach weiteren 10 Runden einfachen Flechtens schließen wir mit dem gekreuzten Bogenrand ab (s. S. 23).

b) Großes Wandrad

Material:
Peddigrohr St. 8 für die Staken, ca. 10 Fäden;
Peddigrohr St. 5 zum Flechten, ca. 8 Fäden.

Für das „Riesenrad" mit einem Durchmesser von 38 cm schneiden wir 16 Staken von je 50 cm Länge zu. Gearbeitet wird er genauso wie der kleine, oben beschriebene Wandteller.

c) Roter Wandteller mit Getreideschmuck

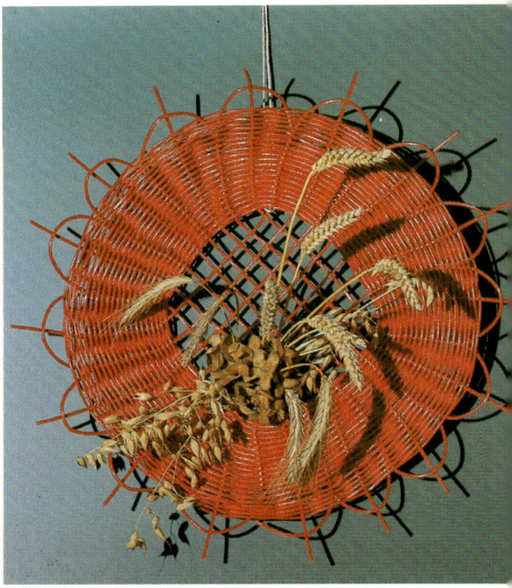

Material:
Peddigrohr St. 8 für die Staken, 8 Fäden;
Peddigrohr St. 5 zum Flechten, 6 Fäden.

Für den Anfang dieses großen Tellers (45 cm ∅) benötigen wir 16 Staken. Wir schneiden sie je 60 cm lang. Sie werden aber nicht, wie sonst üblich, zu Gruppen zusammengefaßt, sondern sind von vornherein einzeln eingesetzt, und zwar auf folgende Weise: Aus vier einzelnen Staken bilden wir das uns bekannte Doppelkreuz. Zwei weitere, entsprechend eingeschoben, lassen daraus das Dreifachkreuz entstehen, die nächsten beiden das Vierfachkreuz

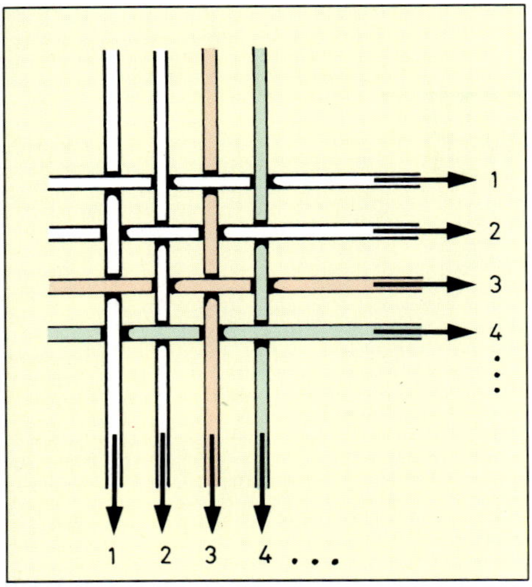

usw., bis alle 16 Staken zusammen das „Achtfachkreuz“ ergeben.
Wir denken daran, daß bei der geraden Anzahl von Staken mit zwei Flechtfäden gearbeitet werden muß.
Nach den ersten Flechtrunden korrigieren wir die Richtung der Staken. Wir achten darauf, daß sie lauter gleichgroße Quadrate bilden. – Um das Stakenkreuz flechten wir einen etwa 10 cm breiten Ring. Die letzten Runden arbeiten wir durch strafferes Anziehen der Flechtfäden etwas höher, so daß sich die Form einer gewölbten Schale bildet. Der Abschluß erfolgt so: Jede zweite Stake geht den gleichen Weg wie beim gekreuzten Bogenrand (vgl. Untersetzer, S. 24). Die Staken, die aufrecht stehenbleiben, werden auf ca. 5 cm gekürzt.

Das gilt für alle drei Wandteller:
Als Untergrund für das Bestecken können wir ein Stück Hartschaumsteckschwamm (in Blumengeschäften erhältlich!) mit Draht auf den Tellern befestigen.

Weihnachtssterne

a) Große Sterne als Wand- oder Fensterschmuck

Material:
Peddigschiene, 6 mm breit, für die Staken; Peddigrohr St. 1 zum Flechten.

Wir benötigen 8 Staken von je ca. 30 cm Länge.
Die Bodenstaken werden sternförmig übereinandergelegt: erst vier, dann die nächsten vier genau dazwischen.

Die erste Flechtrunde muß so verlaufen, daß alle Staken durch sie festgehalten werden. Die zweite Runde macht der zweite Faden, und weiter geht es im Wechsel. Nach

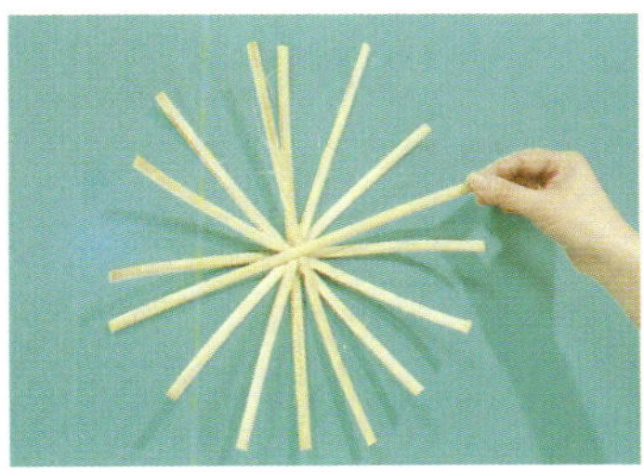

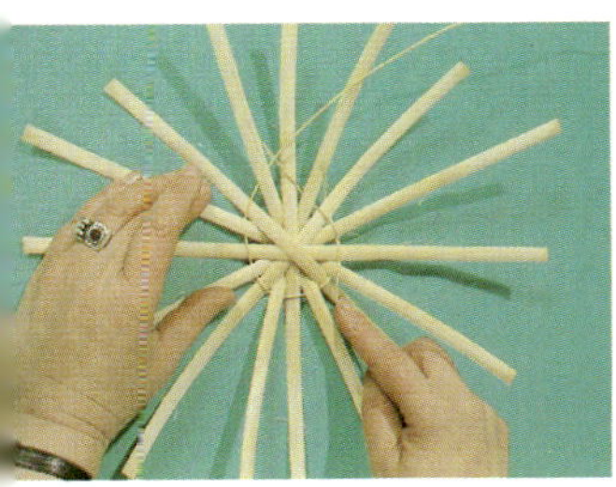

6 Runden schließen wir ab für den ersten „Durchbruch", der etwa 1,5 cm breit ist.
Für die erste neue Runde, eine Fitzrunde (siehe Umschlagseite 2, Nr. 3), hängen wir einen Faden doppelt ein und erhalten so zwei Flechtenden. Die nächsten 5 Runden werden normal weitergeflochten. Das gleiche gilt für den zweiten Durchbruch.
Für die später eingesteckten Bögen brauchen wir 16 je 20 cm lange Enden von der Stärke der Flechtfäden. Sie werden zu beiden Seiten je einer Stake eingelassen. (Sie könnten später etwas verklebt oder durch

Lackieren befestigt werden.) Die noch feuchten Bogen kniffen wir oben zusammen, so daß sie spitzbogig werden.
Ähnlich wird dieser braune Stern gearbeitet. Die Mitte ist mit doppeltem Faden ausge-

flochten. Statt nach der ersten Runde einen zweiten Doppelfaden einzusetzen, können wir den ersten nach jeder Runde unter zwei Staken herführen, damit die „Versetzung" erfolgt.
Die zum Schluß eingelassenen Bogen verlaufen über je zwei Staken und werden genau in der Mitte zur Spitze geknifft.
Die 16 etwa 25 cm langen Staken für diesen Filigranstern schneiden wir aus Peddigrohr St. 1. Wir flechten mit der gleichen Stärke. – Der Abschluß ist ein abgewandelter ge-

kreuzter Bogenrand (vgl. Untersetzer, S. 23). Kleine und große Bogen wechseln miteinander ab. Die großen werden später spitz geknifft.

b) Kleine Sterne für den Christbaum oder für Gestecke

Material:
Peddigschiene 4 mm, Peddigrohr St. 1 und 00.

Die Arbeitsweise erkennen wir leicht aus den Bildern:

> **Wir merken uns:**
> Alle Sterne arbeiten wir mit Vorder- und Rückseite. Hinten liegen die flachen, rauhen Seiten der Peddigschienen sowie alle Flechtanfänge und -enden.

Umflechten von Gläsern und Flaschen

a) Teeglaskörbchen

Material:
Peddigrohr St. 1 oder St. 1 + 3

Für die Staken nehmen wir entweder doppelte Enden von Stärke 1 oder einfache von Stärke 3. Im ersten Fall brauchen wir 17, im zweiten Fall 9 Staken von je 50 cm Länge.
Wir beginnen mit dem Doppelkreuz (s. Untersetzer, S. 23), brechen die Stakengruppen nach einigen Runden auf, flechten eine Runde weiter und setzen die 17. bzw. die 9. Stake ein. Den Boden flechten wir bis zur Größe des Teeglasbodens + 3 Runden. Die Staken werden dann senkrecht hochgebogen und weiter umflochten bis zur gewünschten Höhe.

Die abgebildeten Teeglashüllen entsprechen sich in der Flechtweise genau und unterscheiden sich nur geringfügig im Abschluß:

Beim einfarbigen Körbchen führen wir jedes Stakenpaar im Bogen hinter dem nächsten her und stecken es mit Hilfe eines Pfriems vor dem übernächsten durch die Körbchenwand bis zum Boden. Unten werden die Enden zum einfachen Füßchen verflochten: Sie führen außen vor den nächsten her und bleiben innen vor den übernächsten liegen.
Beim „braun-abgesetzten" Körbchen gehen die Staken oben einen Schritt weiter, also

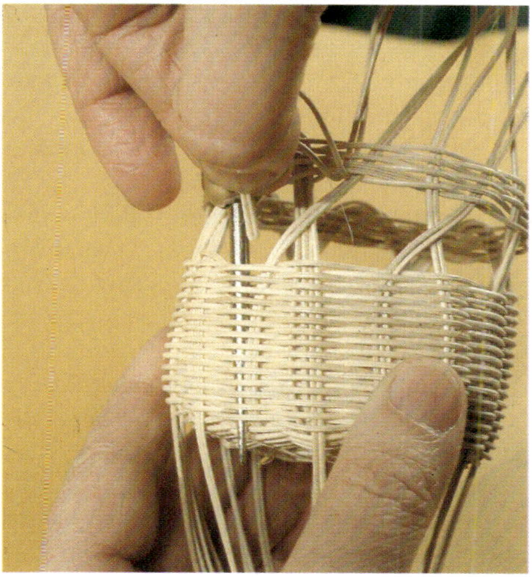

hinter und vor den folgenden her und werden erst vor der dritten Nachbarstake durchgezogen. Desgleichen unten: Sie liegen hinter–vor–hinter den nächsten.
Etwas schwieriger zu arbeiten ist das Körbchen mit durchbrochenem Rand, schwierig vor allem das Durchziehen der Stakenenden, da den gekreuzten Stakenpaaren nachgegangen werden muß.

b) Fest eingeflochtene Gläser und Flaschen

Material:
Peddigrohr St. 3, 1, 00;
Peddigschiene, 4 mm breit.

Zwei Hauptunterschiede bestehen zwischen Teeglaskörbchen und dem Umflechtungen dieser Gläser und Flaschen.

1. Hier wird streng nach Maß geflochten, ohne Spielraum.
2. Es muß und kann kein Füßchen angeflochten werden.

Die Länge der Staken messen wir an den Gläsern: Wir legen einen Peddigrohrfaden um ihre Höhe und geben für den Abschluß entsprechend zu. Den Boden flechten wir exakt nach der Größe des Glases, arbeiten

dann hoch und passen das Glas immer wieder ein. Spätestens, wenn wir enger werden müssen, muß das Glas für immer eingesetzt werden.
Zu den Doppelstaken paßt der doppelte Flechtfaden besonders gut.
Der einfache Abschluß oben (hinter–vor–hinter, wie schon oft dagewesen!) wirkt wie ein komplizierter Zopfrand. Das liegt einmal an den Doppelstaken, zum anderen daran, daß er ziemlich flach aufgearbeitet wurde.
An den „nackten" Gläsern unten wird deutlich, um wieviel hübscher sie mit Peddigrohr verkleidet aussehen.

Das einzig Neue bei dieser Korbflasche auf dem Bild rechts sind die Wülste in der unteren Hälfte. Hier wurde „gekimmt", d. h. mit drei Flechtfäden gleichzeitig gearbeitet (vgl. Umschlagseite 2, Nr. 4!).

Standfeste, stabile Körbe

a) Großer, runder Gemüsekorb

Material:
Peddigrohrstangen, 5 mm stark, für die Bodenstaken, 4 Stangen;
Peddigrohr St. 8 für die Seitenstaken und zum Flechten, 250 g.

Wir benötigen 16 dicke Staken von je 40 cm Länge für den Boden und 64 je 50 cm lange dünnere Seitenstaken. Die Bodenstaken werden eingeweicht und mit dem Pfriem in der Mitte auf eine Länge von ca. 5 cm aufgeschlitzt. Durch die Schlitze werden sie ineinandergeschoben, so daß sich ein Bild ergibt wie beim normalen Doppelkreuz.

Geflochten werden zunächst zweimal 4 Runden. Danach teilen wir die Vierergruppen zu Paaren auf und arbeiten wieder zweimal 4 Runden. Von da an werden die Staken einzeln umflochten. Wegen der geraden Stakenzahl fügen wir den zweiten Flechtfaden ein.
Wenn der Boden uns groß genug erscheint, schieben wir die Seitenstaken etwa 5 cm tief ein, zu beiden Seiten jeder Bodenstake je eine.

Die Seitenstaken werden scharf hochgebogen und paarweise umflochten, genauer gesagt: „umfitzt“ (vgl. Umschlagseite 2, Nr. 3!). Ist die gewünschte Höhe erreicht, schließen wir oben mit gekreuzten Bogen so ab, daß wir die Staken mit Hilfe eines Pfriems bis unten durchschieben.

Nachdem wir die überstehenden dicken Bodenstaken abgeschnitten haben, flechten wir das Füßchen. Jedes Stakenpaar verläuft dabei hinter–vor–hinter den Nachbarstaken her und bleibt innen liegen. Wir achten darauf, daß die Enden der Bodenstaken dabei überdeckt werden.

b) Ovaler, tiefer Korb

Material:
Peddigrohr St. 8 für die Staken und zum Flechten, ca. 250 g;
Peddigband, 10 mm breit, 1 Faden.

Wir schneiden 9 Staken von je 60 cm und 18 von je 55 cm Länge. Diese „verweben“ wir paarweise so miteinander, daß ein langgezogenes Rechteck als Bodenanfang entsteht. Dabei liegen die längeren Fäden in der Längsrichtung und die kürzeren quer.
Wir flechten – mit zwei Fäden – bis zur Größe des Bodens (ca. 2 x 15 cm) um die

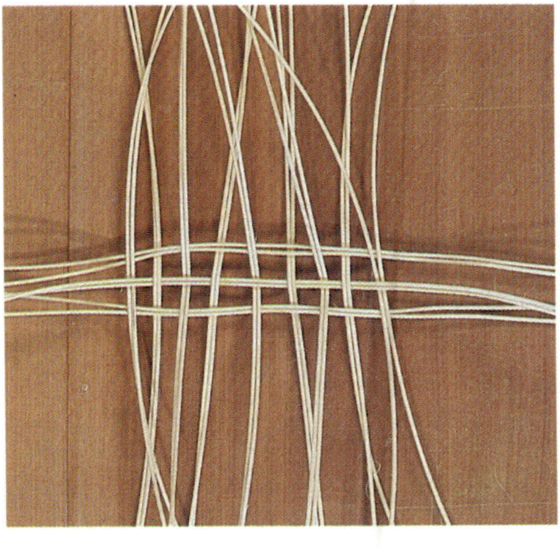

Stakenpaare und teilen sie dann auf in Einzelstaken. Nachdem wir den Rand 2 cm hochgezogen haben, schneiden wir 48 je 22 cm lange Nebenstaken zu. Zur Verfestigung der Korbwand stecken wir zu jeder alten eine neue Stake, die unten 6 cm herausragen muß. Dann setzen wir das Flechten um die so entstandenen Stakenpaare fort. Nach 8 cm Höhe folgen zwei Runden mit dem Peddigband. Wir arbeiten weiter bis zur Gesamthöhe von 12 cm. Für den Abschluß oben führen wir jedes Stakenpaar vor dem nächsten her hinter das übernächste. Das Füßchen am Boden flechten wir genauso. Die Wirkung ist nur deshalb anders, weil uns hier nur Einzelstaken zur Verfügung stehen.

c) Ovaler Henkelkorb (s. Titelfoto!)

Material:
s. Korb oben (statt Peddigband = Flechtschiene, 4 mm breit).

Der Boden entsteht aus 12 Doppelstaken. Dafür schneiden wir 6 Enden von je 65 cm Länge (= 3 x 2 Längsstaken), 12 von je 55 und 6 von je 75 cm Länge (= 9 x 2 Querstaken, die längeren für den Henkel). Die Skizze zeigt, wo die Henkelstaken herausragen müssen.

Hat der Boden eine Fläche von ca. 26 x 18 cm erreicht, ziehen wir den Rand etwa 4 cm hoch.

Die Henkelstaken werden neben das eigene gegenüberliegende Ende in den Rand eingelassen, so daß sie als 3 gleiche Paare die Korböffnung quer überspannen.

Für den Randabschluß stecken wir für die fehlenden Henkelstaken 6 neue Enden ein. Dann führen wir die Stakenpaare im einfachen Bogen nach unten und verflechten sie zum einfachen Füßchen.

Zum Schluß wird der Henkel mit Peddigschiene umwickelt, zuerst die 3 Stakenpaare einzeln, dann gemeinsam und zum Schluß wieder getrennt.

d) Großer, runder Henkelkorb

Material:
Peddigstangen, 5 mm stark, für die Bodenstaken und den Henkel, 6 Stück;
Peddigrohr St. 8 für die Seitenstaken und zum Flechten, 250 g.

Für das Stakenkreuz des Bodens werden 16 je 40 cm lange Staken so geschlitzt und ineinandergeschoben wie beim Gemüsekorb. Geflochten wird wie beim Untersetzer (S. 24), von Anfang an also mit 2 Fäden. Ist der Boden groß genug, schneiden wir die Seitenstaken zu: 58 je 50 cm lange Enden aus dem dünneren Rohr und 3 je 110 cm lange aus den dicken Stangen.

Die Skizze zeigt, an welchen Stellen die langen Henkelstaken eingelassen werden. Haben wir darauf geachtet, daß die Henkelstaken exakt zusammenpassen? Die innere muß etwas tiefer eingelassen werden, damit die beiden äußeren etwas länger erscheinen als Ausgleich dafür, daß sie später zur Mitte gebogen werden.

Den Rand ziehen wir durch normales Flechten über die Stakenpaare hoch. Für den Abschluß oben führen wir jede Stake hinter–vor–hinter–vor den nächsten her und

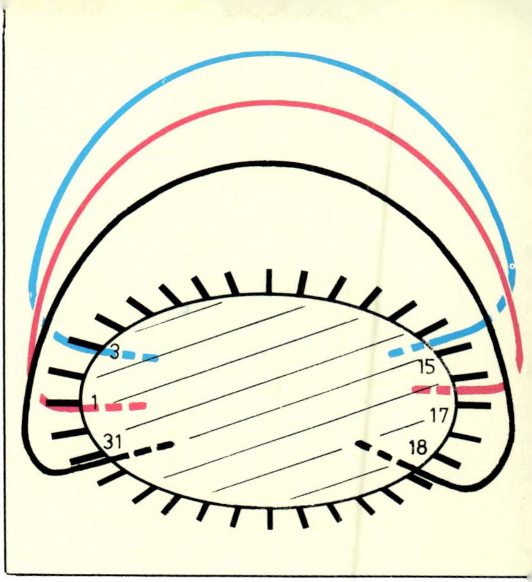

stecken sie zum Boden durch. Dort bilden sie nach dem Schema hinter–vor–hinter das Füßchen.

Die 4 Fäden für das Umflechten des Henkels werden zunächst in den Rand eingelassen, je einer für die äußeren Stangen und zwei für die innere. Etwa 10 cm hoch werden die Staken getrennt umflochten: die äußeren einfach, die mittlere mit den beiden Fäden kreuzweise. Danach fassen wir die Staken zusammen; und alle 4 Flechtfäden umwickeln die Staken gemeinsam, paarweise und oben und unten über Kreuz. Für die letzten 10 cm werden die Stangen wieder getrennt umflochten.

Wir merken uns:
Henkel sollen nicht nur dekorativ, sondern auch praktisch sein. Daher müssen sie immer sehr tief und fest im Flechtwerk verankert werden oder sogar von Anfang an mit „aufwachsen“.

e) Runder Obstkorb mit Griffen

Material:
Peddigrohr St. 8 für die Staken, 8 Fäden;
Peddigrohr St. 6 zum Flechten, 250 g.

Der Boden entsteht aus 16 Staken, 8 von je 60 cm und 8 von je 70 cm Länge. Diese werden verflochten, wie es beim Wandteller (S. 28) gezeigt wurde. Hier bleiben die Staken aber paarweise zusammen, so daß nur ein Vierfachkreuz entsteht. Wie die längeren Staken, die später die Griffe bilden, dabei eingesetzt werden, ersehen wir aus der ersten Skizze.

Der Boden wird normal geflochten, die Seitenwand zur Verstärkung gekimmt. „Kimmen" ist eine Flechtart, bei der 3 Fäden gleichzeitig verflochten werden (s. Umschlagseite 2).

Der Randabschluß besteht aus dem sog. „Zuschlag" (s. Umschlagseite 3). Die Griffstaken fallen für den Randabschluß aus. Daher stecken wir statt ihrer 8 Ersatzstaken ein.

Wie die Staken für die Griffe eingebogen werden, zeigt die zweite Skizze. Sie werden in Achterschleifen mit sehr gut eingeweichtem Peddigrohr umwunden.

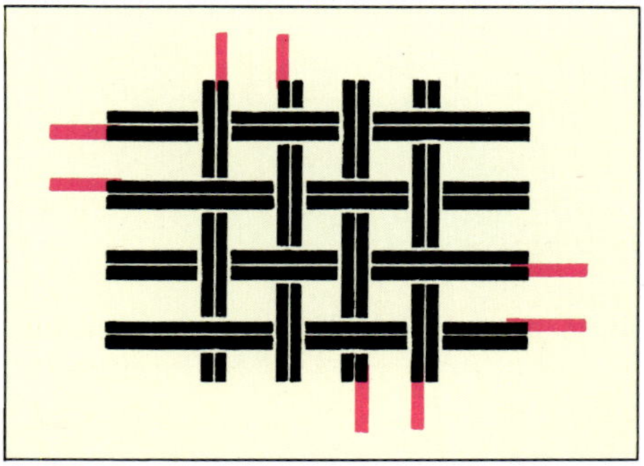

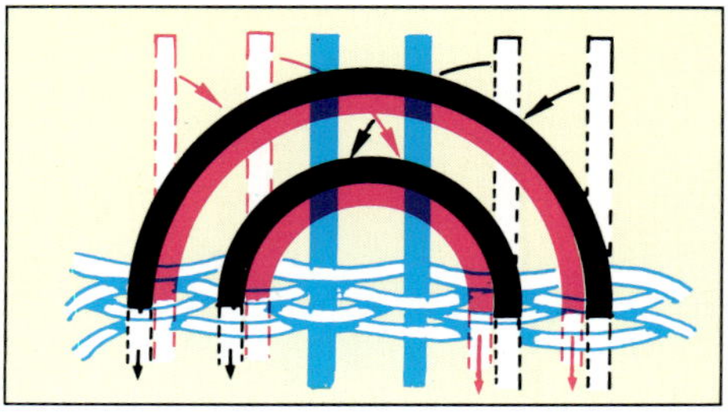

Hängeleuchten

a) Eßzimmerlampe

Material:
Peddigrohr St. 8 für die Staken, 16 Fäden; Peddigrohr St. 6 zum Flechten, mindestens 250 g.

Es werden 16 je 1,50 m lange Staken benötigt. Der Flechtanfang entspricht dem des Untersetzers (S. 24): Nach 4 Runden hin und 4 Runden her werden die Vierergruppen in Paare aufgeteilt. Wichtig ist, daß wir von Anfang an auf die gerundete, immer weiter werdende Form achten: Unten hat sie eine Öffnung von 50 cm ∅. An der Stelle, wo die Paare in Einzelstaken aufgeteilt werden, wird eine Kimmrunde (s. Umschlagseite 2, Nr. 4!) eingearbeitet. Drei weitere gekimmte Runden folgen auf der unteren Hälfte in regelmäßigen Abständen. Sie lokkern das strenge Flechtwerk etwas auf.

Als Randabschluß wählen wir den sog. Zuschlag (vgl. Obstkorb S. 40).

Der Randabschluß ist sehr einfach: Die Enden führen vor der nächsten Stake her hinter die übernächste.

Wir merken uns:
Lampen, die viel Licht spenden sollen, brauchen unten eine weite Öffnung.

b) Schlafzimmerleuchte

Material: s. Eßzimmerlampe.

Wir schneiden 16 je 120 cm lange Staken zu. Damit beginnen wir wie bei der Eßzimmerlampe, achten aber auf die etwas kompliziertere Birnenform, die zunächst sehr eng gearbeitet wird. Nachdem sie sich ein Stück geweitet hat, beginnen wir, um Einzelstaken zu flechten. Damit der Schirm sich unten wieder etwas schließt, biegen wir die bis dahin nach außen stehenden Staken ein wenig nach innen und ziehen gleichzeitig den Flechtfaden strammer. Der Durchmesser von 40 cm in der Mitte verkleinert sich bis unten auf 24 cm.

Kleine Fische

Bogenflossenfisch

Material:
Peddigrohr St. 3 für die Staken, 3 Fäden;
Peddigrohr St. 1 zum Flechten, 3 Fäden;
Peddigschiene zum Flechten, 1 Faden.

Wir beginnen mit 13 Staken, 40 cm lang, auf dem Hilfsbrett (s. S. 17, Kreis a). Nachdem wir etwa 2 cm mit der Schiene geflochten haben, ziehen wir den Ring vom Brett ab und arbeiten den Fischkörper aus freier Hand nach beiden Seiten hin enger – zuerst noch mit der Schiene, dann weiter mit dem dünnen Rohr –, bis er eine Länge von 10 cm erreicht hat.

Am Schwanzende legen wir die einander gegenüberliegenden Staken zu Paaren zusammen. Für die letzte übriggebliebene Stake wird eine neue zusätzlich eingeführt. Die erste Flechtreihe für den Schwanz wird im Bogen gefitzt; dann geht es – 4 cm lang – normal weiter.

Für die Seitenflossen brauchen wir je 2 Staken von 15 cm Länge. Wir stecken jede so ein, daß sie im Bogen wieder nach außen führt und somit 2 Stakenenden bildet. 2 Staken ergeben also 4 Enden zum Umflechten. Etwa 2 cm hoch wird geflochten. Wie das Bild zeigt, werden alle Flossenstaken abwechselnd umgebogen und stehengelassen.

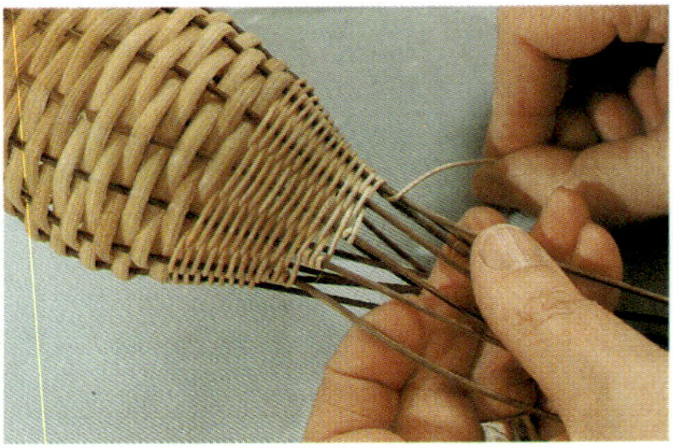

Was wäre dieser Fisch ohne sein offenes, nach vorne gewölbtes Maul? In welcher Richtung das Maul angearbeitet wird, hängt von der Richtung der Flossen ab.

Den Flechtfaden führen wir nicht mehr rund, sondern wenden an der Seite im „Maulwinkel“ (s. Bild unten S. 42), indem wir ihn zweimal um die letzte Stake drehen. Nachdem er so zweimal an den beiden äußeren Staken gewendet hat, kehren wir ihn bei der nächsten Reihe bereits eine Stake eher um, dort auch wieder beidseitig zweimal, usw.

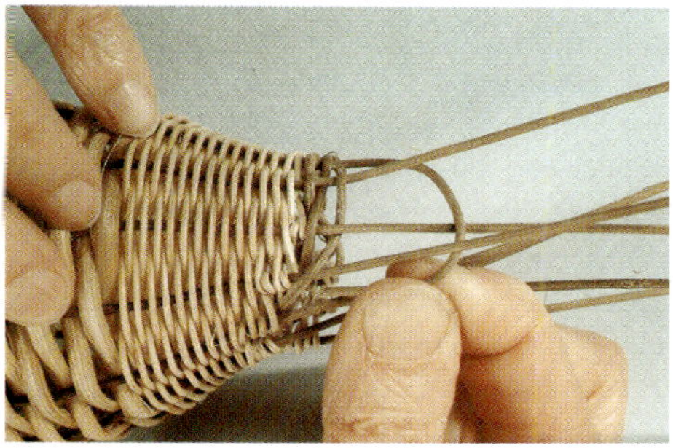

Zum Schluß werden die Staken verflochten: Sie führen hinter–vor–hinter–vor–hinter ihre Nachbarstaken.

Die Augen bestehen aus Peddigrohr: Mit einem 25 cm langen Stück Rohr machen wir einen einfachen Knoten. Wir ziehen ihn zur gewünschten Augengröße an. Ein Ende ziehen wir in Augenhöhe durch den Fisch und wickeln beide Enden um den Knotenkreis, bis sie verbraucht sind.

b) Kleiner Fisch „Rotauge“

Material:
Peddigrohr St. 1, ca. 8 Fäden;
2 rote Holzperlen.

Wir benötigen 18 je 18 cm lange Staken. Um eine kleine Flasche spannen wir ein Gummi und klemmen die Staken paarweise darunter. Weiter geht es wie bei Fisch a). Für den Schwanz legen wir alle Staken in eine Ebene, und zwar so, daß die Staken-

paare im Wechsel von der einen und der anderen Seite kommen. Sie werden hin und her umflochten. Wie die Schwanzflosse dabei gegliedert wird, zeigt das Bild.
Für das Maul beginnen wir beidseitig in der Mitte mit den kleineren Bogen, die wir nach außen hin breiter und höher werden lassen.
Die beiden Barteln sind überstehende Enden von zwei Maulbogen.
Die Holzaugen werden aufgenäht.

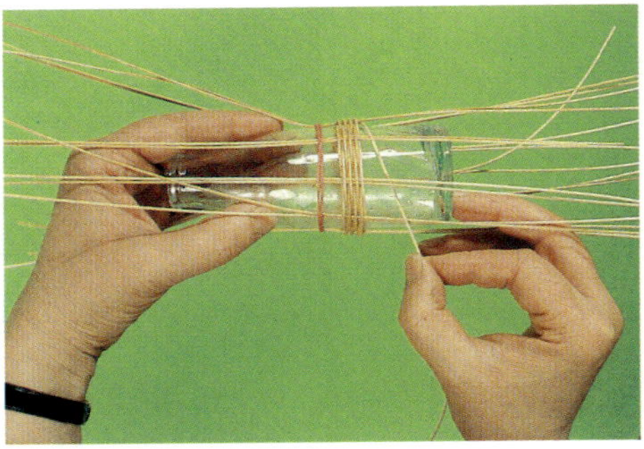

Serviertabletts

a) Tablett mit eingearbeiteten Perlen

(Abb. S. 45, rechts oben)

Material:
Sperrholzplatte, 5 mm dick, 34 x 24 cm;
Peddigrohr St. 5 für die Staken, 8 Fäden;
Peddigrohr St. 4 zum Flechten, 4 Fäden;
65 großlochige Holzperlen.

Die Ecken der Bodenplatte feilen wir rund. Dann bohren wir im Abstand von 1,8 cm mit dem 3 mm starken Bohrer Löcher, die 4 mm vom Rand entfernt liegen. Soll der Boden den Perlen entsprechend farbig lackiert werden, so muß das spätestens jetzt geschehen.

Wir brauchen 65 Staken von je 25 cm Länge, die wir durch die Löcher schieben und unten zum Füßchen verarbeiten (vgl. Tischpapierkorb, S. 7).

Oben flechten wir 5 Runden, ziehen die Perlen auf und schließen noch weitere 5 Runden an. Den Abschluß bildet der nicht ganz einfache Zopfrand, der wegen seiner Schönheit aber einige Mühe lohnt. Da er nach außen übersteht, macht er das Tablett außerdem griffiger. Die einzelnen Schritte zeigen uns die Skizzen auf der 3. Umschlagseite.

b) Tablett mit Griffen

(Abb. S. 45, unten)

Material:
Sperrholzplatte und Peddigrohr s. a);
Peddigschiene, 5 mm breit, zum Umleimen der Bodenplatte, 1 Faden.

Nachdem wir wie bei Tablett a) die Löcher gebohrt haben, bekleben wir die Oberseite der Platte mit Folie und durchstoßen diese über den Löchern mit einem Pfriem.
Die auf 22 cm zugeschnittenen Staken werden durchgesteckt und unten zum Füßchen verflochten.
Um den Rand sehr stabil werden zu lassen, „kimmen" wir ihn hoch (s. Umschlagseite 2). An den Querseiten entstehen zwischen der zweiten und der dritten Kimmrunde die Zwischenräume zum Greifen: Die 6 mittleren Staken werden paarweise zusammengefaßt und die Paare einmal umeinander gedreht, bevor die dritte Runde im Bogen darüber herzieht. Nach 2 bis 3 weiteren Runden ist der Rand hoch genug. Er schließt mit dem sog. Kordelrand (vgl. Blumentopfmanschette, S. 18) so ab, daß die Stakenenden aus praktischen Gründen außen zu liegen kommen. Den Rand der Bodenplatte umleimen wir zur Verschönerung mit der Peddigschiene.

Ausschnitt aus dem Tablett mit zwei Griffen, siehe Bild unten.

Füllhorn

Material:
Peddigstangen, 5 mm breit, für die Staken, 4 Enden;
Peddigrohr St. 8 für die Staken, 4 Enden;
Peddigrohr St. 5 zum Flechten, 4 Fäden;
Peddigschiene, 6 mm breit, zum Flechten, 4 Fäden.

Wir benötigen 7 dicke Staken von je 45 cm Länge. Von den dünneren schneiden wir zwei verschiedene Längen zu: 10 Staken müssen 50 cm und 9 Staken 25 cm lang sein.
Aus den dicken Staken bilden wir durch festes Umwickeln mit Schiene den Stiel unseres Füllhorns. Dabei wird der Anfang der Flechtschiene mit eingewickelt. Nach etwa 30 cm teilen wir die Staken auf und umflechten sie einzeln, zunächst – immer breiter werdend – bis zu einer Höhe von 7 cm. Hier bekommen die dicken Stangen je eine dünne Stake an die Seite gesteckt.
Damit die Unpaarzahl erhalten bleibt, erhält eine Hauptstake zwei Nebenstaken. Somit erhalten wir insgesamt 19 Staken, die alle einzeln umflochten werden.
An der Unterseite soll das Horn besonders bauchig werden. Das erreichen wir durch Teilrunden, so daß unten mehr Reihen liegen als oben. Wo und wie oft der Flechtfaden gewendet wird, ergibt sich aus unserer Formvorstellung.
Da die dicken Peddigstangen nicht zum Randabschluß verflochten werden können, setzen wir gegen Schluß statt ihrer die 9 kürzeren Staken ein. Als Abschluß verwenden wir den sog. Kordelrand (vgl. Blumentopfmanschette, S. 18), wobei hier die Stakenenden innen liegen.

Miniaturen für den Setzkasten

Material:
Verschiedenes Peddigrohr kleiner Stärken.

Bei diesen Spielereien wollen wir nicht nach genauen Beschreibungen vorgehen, sondern der Verwirklichung eigener Vorstellungen freien Raum lassen. Um so größer ist nachher die Freude an den geschaffenen Kleinigkeiten.

Einige Anregungen geben diese Bilder.